Guietand.

ESSAI

D'UN MÉMOIRE RAISONNÉ,

SUR L'USAGE ET LA PROPRIÉTÉ

DES BAINS DE VAPEURS;

Par George GUIETAND, Maître en Pharmacie, rue du Four-Saint-Honoré, élève de l'Hôtel-Dieu de Paris, et possesseur des Bains de Vapeurs et de Fumigations.

A PARIS, chez l'Auteur.

An X.

ESSAI,

OU

OBSERVATIONS RAISONNÉES,

SUR LES BAINS DE VAPEURS.

Les succès que j'obtiens, dans le traitement d'un grand nombre de maladies, par le moyen des Bains de Vapeurs et de Fumigations, soit humides, sèches ou gazeuses, m'ayant mis à même d'en juger l'action sur l'économie animale, je croirois manquer à la société, si je ne faisois part, à ceux qui se sont dévoués au soulagement de ses membres, des compositions et de l'utilité de mes Bains ; persuadé qu'ils auront assez de bonne foi pour en sentir toute l'importance, et qu'ils les emploiront dans les cas qu'ils croiront convenables ; je l'avouerai, si ces sortes de Bains qui ont paru à certaines époques, n'ont point survécus à ceux qui ont cherché à les établir, c'est que personne ne s'est cru susceptible de les continuer, faute de connoissances assez exactes dans l'art chimique : maintenant que cette partie a

A

ouvert une carrière aussi étendue que l'est celle des Gaz, on peut appliquer avec plus de certitude ces nouvelles découvertes dans l'art de guérir.

Je ne ferai pas mention de l'influence directe qu'a l'action des vaisseaux exhalans et absorbans sur notre manière d'être, personne n'ignore que c'est de cette partie essentielle que dépend l'équilibre de la santé, et que, par cette fonction, les fluides qui nous environnent, portés dans nos corps, lui font subir des changemens notables; d'après ce, il sera aisé de sentir combien la médecine peut tirer de secours des Bains de Fumigations : en exposant les différens modes que j'emploie dans leur application, je ferai mention de leur action et manière d'agir.

On nomme Bain, l'immersion d'un corps dans un fluide quelconque. On distingue différentes sortes de Bains, les Bains de rivières, les Bains d'eaux minérales, les Bains domestiques et les Bains de vapeurs; je ne parlerai que de ces derniers, ceux-ci étant l'objet que j'essaie de traiter.

Les Bains de Vapeurs ont été d'un usage très-suivi des anciens, cet usage a été conservé par les Asiatiques, les Russes et les habitans des rives du Nil; ils ont été assez décrits par les personnes qui ont parcouru ces contrées, pour me dispenser de répéter ce qu'ils ont dit.

Je reconnois différens genres de Bains de Vapeurs et dont les résultats sont à raison de leur emploi, les Bains dits d'Etuves , les Bains de Vapeurs proprement dits, les Fumigations , et les Bains Gazeux.

Bains d'Etuves.

Les Bains d'Etuves ne sont autre chose que l'exposition du corps à l'action de la chaleur renfermée dans une espace quelconque : ils sont propres à redonner de la chaleur aux corps qui commencent à perdre une partie de leur sensibilité : ces sortes de bains sont de peu d'usage, vue qu'ils sont susceptibles de porter l'irritation dans le système animal et produire des maladies inflammatoires.

Bains de Vapeurs.

Les Bains de Vapeurs , ou de Fumigations humides, s'administrent par l'intermède d'un liquide : on se sert communément de l'eau que l'on réduit en état de vapeurs par le moyen de l'ébullition ; ces vapeurs sont reçues dans un appareil disposé à cet effet , où est placée la personne à qui on les administre.

Ces sortes de Bains conviennent dans tous les cas où il y a rigidité et trop grande tension des muscles ou des nerfs, dans les maladies rhumatismales, les spasmes, à la suite des traitemens vénériens, en chassant le mercure qui , logé dans quelque partie du corps, produit des ravages effrayans, tels que douleurs vives, paralysie, tremblemens, palpitations, et autres accidens qui en dépendent.

Dans tous les cas où l'on veut ouvrir les pores, rétablir la transpiration et abreuver le tissu cellulaire; dans les exostoses commençantes, ou inflammation et gonflement du périoste et dans les ulcères produits par l'usage du mercure.

Ils sont utiles dans les traitemens des maladies vénériennes, en disposant les pores à absorber le mercure avec plus de facilité.

Je modifie ces sortes de Bains, à l'aide de substances propres à donner un principe volatil susceptible d'être dissout dans l'eau; ces modifications sont en raison de l'état du malade et de la maladie; les cures que j'ai obtenues sont on ne peut plus nombreuses, et faites pour mériter la confiance de mes concitoyens. Par des compositions particulières, j'ai calmé, comme par enchantement, les douleurs les plus aiguës, causées soit par des rhumatismes, soit par des gouttes sciatiques, genre de maladies, qui, lorsqu'elles sont anciennes, sont presque toujours l'écueil de la médecine.

Les maladies laiteuses n'ont point résistées à cette espèce de traitement, ainsi que toutes les maladies de peau, quelle que soit leur nature et leur ancienneté, telles que dartres, galles, etc; celles répercutées et portées sur quelques parties nobles, sur des viscères, et qui causent souvent des affections pulmoniques,

des obstructions sont rappelées à l'extérieur : enfin
les dysuries, qui ont pour cause une inflammation
ou spasme de la vessie sont guéries en peu de jours,
par l'usage de ces Bains.

Bains de Fumigations sèches.

Les Bains de Fumigations sèches, ainsi nommés,
parce que je ne me sers pas de l'intermède d'un liquide
dans leur application, mais bien de celui immédiat
du feu; les substances employées sont volatisées, ré-
duites en vapeurs ou en fumées. Ces Bains composés
des principes volatils des plantes odorantes, de résines,
baumes résines, etc., jouissent des propriétés des substances employées.

Les Fumigations sèches sont fortifiantes, stimu-
lantes, résolutives, sudorifiques, elles réussissent
dans tous les cas où il y a relâchement, foiblesse,
diminution du sentiment et du mouvement muscu-
laire, contre les tumeurs et engorgemens lymphatiques, l'hydropisie, les spasmes, vapeurs hystériques :
je les dirige et les applique d'une manière immé-
diate sur toute l'habitude du corps, ou sur des parties quelconques; ils réveillent l'action des vaisseaux
lymphatiques et de ceux communiquants au tissu
cellulaire, les disposent en leur donnant du ton à
secréter une humeur plus analogue à la vitalité et
mieux animalisée.

On en fait usage dans les engorgemens du cerveau,

A 3

ils sont recommandés dans les affections de poitrine, les dispositions à la phtisie; les Anglais en tirent un très-grand parti dans ces sortes de maladies. Les fumigations odorantes et balsamiques, dit un auteur célèbre, récréent l'esprit; dirigées d'une certaine manière, conviennent dans les suffocations, dans les chûtes et relâchemens de la matrice, rappellent les règles, et calment singulièrement.

Bains à l'Esprit-de-Vin.

Je placerai au rang de ces Bains, les Bains de Fumigations à l'esprit-de-vin; ces sortes de Bains sont on ne peut pas plus toniques, ils remplacent avec avantage ceux de marc de raisins.

Bains Gazeux.

J'usqu'ici les *Bains Gazeux* n'avoient pas encore été mis en usage, cependant ils jouissent des mêmes propriétés que les eaux gazeuses, soit artificielles soit naturelles, ils en jouissent même à un plus haut dégré, vu que n'étant tenus en dissolution par aucun liquide, leur action est beaucoup plus exacte, n'ayant rien qui les enchaîne, et qui en empêche l'absorption, avantage que n'ont point les eaux minérales gazeuses artificielles, et même les naturelles : les premières ne sont qu'une foible imitation des eaux gazeuses naturelles, et n'en sont que des à-peu-près, et les à-peu-près ne doivent point exister en medecine. Il y a trop de circonstances qui concourent à contre-balancer les opéŕ rations du chimiste , pour penser que l'on puisse être exacte dans l'imitation des produits de la nature , et la rivaliser dans ses ouvrages. Les combinaisons ne sont jamais aussi exactes ni egales , vu le changement de température , qui varie à chaque instant et raréfie les Gaz du plus au moins , ce qui doit nécessairement faire varier leurs combinaisons ; les eaux minérales naturelles , elles-mêmes , malgré le tems que la nature met à les former , sont sujettes à des différences : si celles-ci ne donnent pas toujours les mêmes produits et en même proportion , que sera-ce donc de ces eaux artificielles gazeuses (1) ? D'après ce , comment peut-on présumer que ces sortes d'eaux jouissent des propriétés qu'on leur attribue si gratuitement ? et si elles ont quelques actions , c'est parce qu'on en boit une grande quantité , avantage qu'elles ont de commun avec les eaux de la Seine.

---

(1) Je citerai pour exemple les eaux de Plombières artificielles , elles contiennent par bouteille un vingtième de leur volume d'acide carbonique , 3 grains de sulfate de chaux , 2 grains de carbonate de chaux , 1 grain de sulfate de magnesie , en tout 4 substances ; tandis que les eaux de Plombières naturelles en contiennent 6 , savoir 2 grains et demi de carbonate de soude , 2 grains un tiers de sulfate de soude , 1 grain un quart de muriate de soude , 1 grain un tiers de silice , un demi-grain de carbonate de chaux , et 1 grain et un douzième de matière animale. Voyez les annales de chimie , n°. 116.

D'après cet exposé , il sera donc aisé de sentir que les corps gazeux , appliqués immédiatement, auront un effet plus direct sur le système absorbant.

Gaz Acide Carbonique.

Baumé dans une appendice placé à la fin de ses élémens de pharmacie, dit que s'étant plongé dans du Gaz acide carbonique , il sentit une légère moiteur, provoquée par une chaleur douce et agréable. Les Anglais appliquent avec succès ce Gaz dans les cas de dispositions à la putridité et à l'alkalescence , sur les ulcères sanieux , et par son moyen appaisent les douleurs des ulcères sordides et gangreneux ; ce Gaz respiré par intervalle , convient dans les maladies du poumon , dans les maux de gorge gangreneux et dans les fièvres malignes. Le docteur Dobson en a observé de très-bons effets dans sa pratique à l'hôpital de Liverpool. Je fais prendre ce Gaz , ainsi que tous les autres , en bains , et le fais respirer dans les cas qui le nécessitent.

Gaz Hydrogène sulfuré.

Le Gaz hydrogène sulfuré , qui tient le soufre en dissolution et en état de combinaison , convient dans les maladies cutanées ; il dispense de toutes frictions graisseuses , et a sur elles l'avantage de rappeler à la peau les galles , dartres , etc. faisant subir une légère moiteur aux individus qui y sont plongés ;

les personnes attaquées de spasmes , maladies nerveuses , de phtisie , fièvres de consomption , lentes
nerveuses , ainsi que celles qui sont trop oxigénées ,
où qui ont des dispositions à certaines maladies
inflammatoires , éprouvent de grands soulagemens du
Gaz hydrogène , soit pur , sulfuré ou carboné , pris
soit en bains , ou par la respiration. Je ne ferai pas
mention des substances gazeuses , acides , tels que
les Gaz nitreux , et acide muriatique oxigéné , etc. ;
ils peuvent produire quelques effets , mais ils ne sont
pas assez connus ; le dernier cependant pourroit con-
venir dans quelques dispositions à l'alkalescence et
au scorbut , mais le suivant sera beaucoup plus con-
venable dans ce dernier cas.

Gaz Oxigène.

Le rôle que joue le *Gaz oxigène* dans la nature
et dans le système vital , est trop général , pour ne
pas être persuadé que son application ne puisse
avoir une grande influence sur nos humeurs , et leur
fasse éprouver des modifications sensibles ; dans les
individus plongés dans ce fluide , la circulation
est beauconp plus prompte , le poul hausse consi-
dérablement , ses battemens sont plus rapprochés ,
la respiration est fortement prononcée , sans cependant être gênée , une chaleur générale se repaud
dans tout leur corps , &c. , &c.

Toutes ces circonstances ne laissent pas que de

démontrer combien son action est certaine ; aussi sera-ce donc avec raison qu'on pourra le recommander dans les engorgemens lymphatiques, les tumeurs écrouelleuses, le rachitisme ; tout le monde sait que les sujets atteints de ces maladies, paroissent mous, sans vivacité, ont la peau extrêmement blanche, et sont, pour ainsi dire, étiolés, c'est donc en leur causant une espèce de fièvre artificielle, en donnant de l'énergie aux vaisseaux, enfin à toute la machine, que l'on pourra détruire en eux ce vice scrophuleux ; et qui mieux pourra produire ces effets que le *Gaz Oxigène ?*

Ce Gaz convient parfaitement dans le trop d'embonpoint, enfin dans le scorbut. On sait que toutes les fois qu'il y a diminution d'oxigène dans le système animal, la graisse est produite, les parties graisseuses des animaux, en diffèrent des parties charnues, que parceque ces dernières contiennent plus d'oxigène et d'azote, par-là, on explique ce changement des muscles en une substance si semblable au blanc de baleine.

On observe aussi que la graisse augmente aux dépens des muscles, dans les corps vivants et *vice versa.*

Ce défaut d'oxigène, considéré comme embonpoint, est indiqué par l'analogie qu'il y a entre l'obésité et le scorbut de mer, qui ne paroît due qu'à une abstraction graduelle d'une partie de l'oxigène du système.

Le scorbut de mer n'est jamais annoncé par l'amaigrissement ; au contraire, l'embonpoint est le premier symptôme de cette maladie ; beaucoup de sommeil et d'inactivité sont de puissantes causes d'embonpoint : dans cet état, la respiration est moins fréquente, et une moindre quantité d'oxigène est absorbée ; l'absorption de la graisse est diminuée, tandis que sa sécrétion s'opère constamment ; le sang se décolore, est ce qu'on appelle *tourné*, et tous les symptômes du scorbut se manifestent.

Il en est de même du scorbut de terre, ceux qui habitent les lieux bas et humides, les endroits marécageux, les hôpitaux et les prisons, en sont principalement attaqués. D'après ce, il sera facile de juger combien l'oxigène pris en bains, ou respiré, peut apporter de changemens dans l'économie animale, et peut être utile dans les cas décrits plus haut.

Fumigations Mercurielles.

Je place ici les *Fumigations mercurielles*, parce qu'elles sont d'une nature toute différente des premières, et qu'elles se rapprochent de la précédente ; car le mercure n'est que le vénicule, le conducteur de l'oxigène, et l'on pourroit employer avec avantage ce Gaz isolé pour la guérison des maladies vénériennes.

Les Fumigations mercurielles ont été employées avec succès dans le traitement des maladies vénériennes. Lalouette, médecin illustre, en a fait les expériences, en présence de personnes dignes de foi et gens de l'art; elles lui ont mérité les suffrages du Gouvernement; c'est d'après lui que je parle, je ne puis suivre un meilleur guide.

Les substances ou compositions mercurielles que j'emploie ne sont point salines, dans cet état elles pourroient irriter le tissu cellulaire, la gorge et la poitrine; le mercure est au premier degré d'oxidation, ne peut causer aucuns des inconvéniens qu'il cause, lorsqu'il est trop oxigéné, ne produit aucune sensation désagréable, ne dégrade pas l'estomac, comme le font les préparations salines prises intérieurement.

On peut donner par ce moyen une plus grande quantité de mercure, sans exciter aucun trouble dans l'économie animale, et les effets insensibles qu'il produit, rétablissent les fonctions de la nature dans leur premier état. Ce remède que l'on peut regarder comme une friction générale, donnée en même-tems à toute l'habitude du corps, ne laisse aucune impression sensible de son application sur la peau, et le mercure réduit en vapeurs par l'action du feu, est tellement divisé, qu'il peut passer aisément à travers les pores, et s'introduire, avec facilité, des capillaires cutanés dans les vaisseaux lymphatiques et sanguins, et dans toute la masse du sang : ce remède, conduit avec prudence, excite rarement la salivation ou le dévoiement, quelquefois seulement la bouche s'échauffe, les gencives se gonflent, le ventre devient plus libre, preuve évidente que le mercure passe dans le sang, est porté aux vaisseaux lymphatiques, et au système glanduleux : mais en interrompant pendant quelque jours, ces petits inconveniens se rallentissent et disparoissent.

Le malade ne reste exposé à cette vapeur mercurielle que pendant douze ou quinze minutes, après quoi il peut reprendre ses habits, vaquer à ses affaires, si quelque maladie locale ne le retient, et il ne lui reste sur la peau aucune trace visible du remède qu'il a reçu.

Le régime qu'il doit tenir est simple : les alimens doux, peu de vin, pas de liqueurs spiritueuses, etc.

On varie ces Fumigations, à raison du tempérament et de l'état de la maladie.

Il est bon que le malade se donne du mouvement et aille à l'air libre si le tems le permet.

On est toujours certain que le malade reçoit chaque fois la quantité de mercure qu'on lui donne, et qu'il est toujours appliqué avec la même force à toute l'habitude du corps.

Si l'on demande quelle est la quantité de mercure qu'on doit employer en Fumigations, je repondrai que cette question est commune à toutes les méthodes. On sait que dans celle des frictions, elle est plus ou moins forte à raison de la violence des symptômes, de la force des malades, de leur tempérament et des différentes circonstances, on doit dire la même chose des Fumigations. On sait en général que quatre, cinq ou six onces de pommade mercurielle, sont suffisantes pour un traitement ordinaire, et il y a des cas où le double est quelquefois insuffisant : par conséquent, en supposant chaque friction d'environ deux gros, on donne vingt à vingt-cinq frictions aux malades, pour guérir les véroles ordinaires, vingt ou vingt-cinq Fumigations communément suffisent. Mais tout le mercure contenu dans la pommade entre-t-il dans la friction ? non, il en reste béaucoup sur la partie frottée aux mains de celui qui l'a appliqué, les linges qui en sont tachés et qui s'imbibent de l'onguent sont bien la preuve que tout n'est pas entré ; il en est de même des Fumigations, toute la Fumigation mercurielle ne passe pas à travers les pores ; d'après cela on ne doit pas être étonné si je donne, vingt, vingt-cinq, trente et même quarante Fumigations à un malade.

Les Fumigations mercurielles pourront s'appliquer non seulement à toute l'habitude du corps, mais aussi aux maladies locales, dans celle des yeux, dans le commencement de phtisie vérolique, les engorgemens douloureux, dans les bubons endurcis, les tumeurs aux testicules, avec ou sans suppuration, dans les anchyloses, exostoses véroliques, et dans les écoulemens vénériens chez les femmes.

Les maladies vénériennes chez les femmes, offrent moins de difficulté pour être guéries par cette méthode que par toute autre ; les excroissances autour de la matrice, les tumeurs dures inhérentes à son corps même, etc : ne peuvent être atteintes par les traitemens ordinaires, et ils disparoissent par celui des Fumigations.

Dans les gonorrhées rebelles, on se sert quelquefois avec utilité des frictions, mais le frottement que l'on fait sur le périné et le long de l'urètre, blesse souvent ces organes, y excite de la phlogose et de l'inflammation ; et loin de diminuer l'écoulement, le rend beaucoup plus considérable ; les Fumigations mercurielles, au contraire, sont préférables aux frictions, en ce que le mercure pénètre facilement ces parties, sans le moindre frottement, fond et amollit les duretés répandues dans le canal de l'urètre.

Elles ne sont pas moins efficaces dans les fistules survenues au périné, à la suite des gonorrhées anciennes, ainsi que dans le gonflement des glandes prostates, imbibées d'une humeur vérolique, d'où procèdent souvent des stranguries et rétentions d'urine.

Combien de femmes sont incommodées d'écoulemens abondans et de couleurs variées, sans en connoître la cause ; cet écoulement, sous le nom de fleurs blanches, se communique quelquefois, et souvent le vice peu actif, ne produit de grands désordres, chez elles, que dans le temps critique, qui leur est communément funeste, sont guéries par l'usage des Fumigations, les démangeaisons, les picottemens, les élancemens et les excoriations que l'humeur acre cause à la vulve sont bientôt appaisés.

Dans les exostoses douloureuses, dont les bras, les jambes et les côtes sont quelquefois affectés, il n'est pas possible d'appliquer des frictions sur ces parties trop sensibles, sans y exciter de vives douleurs. Les anchyloses véroliques avec gonflement douloureux, ne permettent pas qu'on les frotte impunément, sans crainte d'exciter de violentes imflammations dans ces articulations malades; dans ces circonstances, la Fumigation est le seul moyen dont on puisse se servir pour détruire le virus dont les cellules osseuses, les cartilages, les capsules articulaires sont imbibés : non seulement la vapeur mercurielle les pénétrera aisément sans qu'il soit nécessaire de les frotter, et l'on évitera les graisses destinées à tenir le mercure divisé, qui bouchent les pores de la peau. Cette sorte de traitement ne dispense pas, lorsqu'il y a complication, comme scorbut, humeurs froides etc. , d'y réunir les anti-scorbutiques, les apéritifs et tous les remèdes appropriés aux circonstances : on agit à cet égard comme en traitant par les frictions.

Dans les circonstances où lé malade auroit besoin de bains et de frictions, la Fumigation est de la plus grande utilité, puisqu'ils pourront dans la même journée se baigner et recevoir les vapeurs mercurielles, avantage qu'ils ne peuvent avoir dans les frictions, puisque la pommade dont la peau est couverte s'oppose à l'action du bain. Un autre avantage non moins sensible, c'est que les Fumigations permettent de changer et renouveler le linge à volonté; au lieu qu'on en est privé tant que l'on est traité par les frictions, attendu que ce seroit autant de linge de sacrifié, si on vouloit le renouveler.

Le procédé de la Fumigation est le seul par lequel on puisse appliquer le mercure à certaines parties génitales chez les femmes, et chez les hommes, le scrotum : quelle difficulté n'écarte-t-il pas, lorsqu'il s'agit d'étendre la pommade mercurielle sur une peau dartreuse, inégale et flasque, sur-tout dans les personnes qui ont essuyées de grandes maladies, et qui, de grasses qu'elles étoient, sont devenues maigres. On n'applique pas non plus la pommade mercurielle, sans beaucoup d'inconvéniens, sur les parties couvertes de poil, car quelques précautions que l'on prenne, on peut exciter des démangeaisons, des érésipelles, l'inflammation et la fièvre qui sont la suite, accidens qui empêchent de continuer les frictions, et, par conséquent, retardent la cure : mais la vapeur mercurielle s'applique, en même-tems, à toute l'habitude du corps, et devient par-là une friction universelle.

D'ailleurs on ne frotte jamais, avec la pommade, le ventre, la poitrine, ni le cou; dans l'autre procédé, au contraire, le mercure touche sans le moindre danger toutes ces parties : dans les ulcères à la gorge, qui rongent souvent la luette, le voile du palais, les amygdales, les péristaphilains, et qui quelquefois s'étendent jusqu'à l'épiglotte, causent la raucité et donnent même une extinction totale de la voix; à tous les symptômes de vérole les plus caractérisées, la Fumigation est très-salutaire; elle calme, adoucit et arrête promptement les progrès du vice vénérien; car on sait avec quelle rapidité ces parties molles sont rongées ou détruites, et que les os minces peu recouverts de parties molles, s'y carient bientôt.

Cette nouvelle Fumigation l'emporte beaucoup sur les frictions dans les ulcères qui conviennent aux ailes du nez et dans les narines et concrétions polypeuses qui s'y forment, dans le gonflement des os de la pommette et des os du crâne.

On est quelquefois forcé de se servir du cinnabre en Fumigation, dans de pareilles circonstances; mais cette préparation dont les effets sont funestes, ne peut être mise en parallèle avec notre remède fumigatoire: celui-ci qui est sans odeur, peut être appliqué à toutes les parties de la tête à laquelle il n'est pas possible de faire des frictions, sur-tout dans les opthalmies vénériennes, venues à la suite des gonorrhées supprimées.

Je ne parlerai pas de l'inconvénient et des accidents

qui résultent des préparations mercurielles prises intérieurement, du sublimé corrosif, ils sont assez connus pour démontrer l'avantage du traitement par Fumigations sur celui-ci. Un autre avantage, non moins important, c'est le secret, on se dérobe à la curiosité indiscrète des domestiques, à la vigilance de ceux dont on redoute l'inspection ; par ce moyen, les fautes seront couvertes d'un voile épais et la bonne intelligence sera maintenue dans les familles.

Quelle commodité n'aura pas cette méthode pour les nourrices qui allaitent des enfans malades, pour les femmes enceintes et pour les enfans qui, engendrés au sein de la débauche, apportent presque en naissant les marques honteuses de la source impure de leur origine.

On ne peut à ce premier âge, sans les exposer au plus grand peril, leur donner le sublimé corrosif ; les frictions sont impraticables, la texture de leur peau trop délicate et l'urine qui lamouille continuellement, forment un obstacle insurmontable. La vapeur mercurielle est donc le seul moyen capable de les garantir d'une mort inévitable. Je le répète, les Fumigations mercurielles n'ont absolument rien de dangereux, il n'y entre aucune préparation corrosive, n'ont presque pas d'odeur, ni saveur, le mercure y est dans un état de premier degré d'oxidation, d'oxide gris, et est d'une très-grande volatilité ; aussi peut-on le respirer impunément, sans qu'il cause d'ulcérations à la

gorge , aux amygdalies et sans qu'il produise des
sensations désagréables : ainsi je suis à l'abri du re-
proche et des craintes que l'on pourroit témoigner mal-
à-propos sur un pareil remède. D'ailleurs ce que
j'avance n'est point fondé sur des hypothèses , mais
bien sur des faits et sur l'expérience. Nombre d'individus qui l'ont éprouvé pourront l'attester. Sabatier ,
chirurgien aux Invalides , Maloet , etc. pourront certi-
fier que quantité de personnes ont été guéries parfaitement , par *Lalouette* , médecin , en 1770 , 71 , et 72 ,
en leur présence , ainsi qu'en celle de différens autres
médecins et chirurgiens , qui malheureusement n'exis-
tent plus , tels que Moreau , chirurgien à l'Hôtel,Dieu ,
Majault , médecin au même hospice , Vic-'dAzir ,
Dumangin , etc. , etc.

De l'Imprimerie de LE BECQ , rue Jean-de-Beauvais, N°. 13.